Robin Marzucca

Verschränkungsreinigung mit fehlerhaften Quantenoperationen

AF153177

Robin Marzucca

Verschränkungsreinigung mit fehlerhaften Quantenoperationen

Eine Untersuchung der Fehleranfälligkeit des BBPSSW-Protokolls

Reihe Realwissenschaften

Impressum / Imprint

Bibliografische Information der Deutschen Nationalbibliothek: Die Deutsche Nationalbibliothek verzeichnet diese Publikation in der Deutschen Nationalbibliografie; detaillierte bibliografische Daten sind im Internet über http://dnb.d-nb.de abrufbar.
Alle in diesem Buch genannten Marken und Produktnamen unterliegen warenzeichen-, marken- oder patentrechtlichem Schutz bzw. sind Warenzeichen oder eingetragene Warenzeichen der jeweiligen Inhaber. Die Wiedergabe von Marken, Produktnamen, Gebrauchsnamen, Handelsnamen, Warenbezeichnungen u.s.w. in diesem Werk berechtigt auch ohne besondere Kennzeichnung nicht zu der Annahme, dass solche Namen im Sinne der Warenzeichen- und Markenschutzgesetzgebung als frei zu betrachten wären und daher von jedermann benutzt werden dürften.

Bibliographic information published by the Deutsche Nationalbibliothek: The Deutsche Nationalbibliothek lists this publication in the Deutsche Nationalbibliografie; detailed bibliographic data are available in the Internet at http://dnb.d-nb.de.
Any brand names and product names mentioned in this book are subject to trademark, brand or patent protection and are trademarks or registered trademarks of their respective holders. The use of brand names, product names, common names, trade names, product descriptions etc. even without a particular marking in this works is in no way to be construed to mean that such names may be regarded as unrestricted in respect of trademark and brand protection legislation and could thus be used by anyone.

Coverbild / Cover image: www.ingimage.com

Verlag / Publisher:
AV Akademikerverlag
ist ein Imprint der / is a trademark of
OmniScriptum GmbH & Co. KG
Heinrich-Böcking-Str. 6-8, 66121 Saarbrücken, Deutschland / Germany
Email: info@akademikerverlag.de

Herstellung: siehe letzte Seite /
Printed at: see last page
ISBN: 978-3-639-62943-9

Für Haiti und Kurt

Abstract

In this bachelor-thesis I analyze the behavior of the BBPSSW-Protocol, used to generate maximally entangled states, under the influences of noisy operations. Therefore I analyze the effect of several one-qubit Errors on the maximum Fidelity that can be reached and the minimum Fidelity that is required for the Protocol to succeed with respect to different error-probabilities p_E. As a result I found, that Entanglemend distillation to Fidelities $F > 0.9$ is mostly still possible for $p_E > 3\%$. It also shows that the influence of errors especially manipulating phase relations affect the interval, in which entanglement purification is possible, more than other errors. Regardless of the analyzed errors, a purification step always has a nonzero probability of success.

Inhaltsverzeichnis

1 Abkürzungsverzeichnis

Orthonormalbasis

positive-operator valued measure

Lokale Operation und klassische Kommunikation

2 Einleitung

In der heutigen Gesellschaft sind Geräte wie Smartphones, Fernseher und Computer nicht mehr wegzudenken. Für viele fallen diese Geräte ausschließlich in die Kategorie "Unterhaltungselektronik", doch auch zum Austausch von Informationen sind diese Geräte von essentieller Bedeutung. Um die ausgetauschten Daten vor den Einblicken dritter zu schützen, werden diese Daten daher vor dem Versenden verschlüsselt und anschließend wieder entschlüsselt. Meist geschieht das mit dem sogenannten RSA-Verfahren, welches im Wesentlichen darauf basiert, dass das Produkt zweier Primzahlen klassisch bisher nur mit exponentiellem Aufwand Faktorisiert werden kann [8]. 1995 stellte der amerikanische Mathematiker Peter W. Shor einen quantenmechanischen Algorithmus vor, mit dem diese Aufgabe in polynomieller Zeit gemeistert werden kann [9]. Der Algorithmus weckte weltweit großes Interesse, was zur Folge hatte, dass die Forschung an Quantencomputern seither stark vorangetrieben wurde.

Mit der Realisierung von Quantencomputern in dem Sinne, dass die ihnen zur Verfügung stehenden Qubit-Ressourcen mit der Menge klassisch verwendeter Bitressourcen vergleichbar ist, würde sich neben der Beschleunigung einiger informationstheoretischer Aufgaben auch die Frage stellen, wie die Kommunikation mit anderen vor Lauschangriffen gesichert werden kann. Eine mögliche Antwort, die auf der Verwendung verschränkter Zustände beruht lieferte der polnisch-britische Physiker Artur Ekert 1991 [10]. Das sogenannte E91 Protokoll macht es möglich, jedes "Mithören" von Dritten zu detektieren und liefert zusammen mit dem No Cloning Theorem [11] eine absolut sichere Kommunikation.

Teilt man sich verschränkte Qubits mit jemandem, so kann man diese zusammen mit klassischer Kommunikation auch als idealen Quantenkanal [12] oder zur Versendung von zwei Bit an klassischer Information pro Qubit. [13] verwenden. Diese einzigartige Auswirkung verschränkter Zustände sind nicht verwunderlich, nachdem E. Schrödinger Verschränkung 1935 bereits als *die* Eigenschaft beschreibt, die die Quantenmechanik von der klassischen Physik abgrenzt:

9

"I would not call that one but rather the characteristic trait of quantum mechanics, the one that enforces its entire departure from classical lines of thought." [1]

Das Problem, das sich dabei Stellt, ist für gewöhnlich, dass man sich die dafür nötigen verschränkten Zustände mit anderen Personen nicht teilt. Diese müssen zunächst auf irgend eine Weise hergestellt werden. Eine mögliche Art der Verschränkungsreinigung, nämlich mittels des BBPSSW-Protokolls, soll in dieser Bachelorarbeit auf ihre Anwendbarkeit untersucht werden, falls die nötigen Operationen fehlerbehaftet sind.

3 Mathematische Grundlagen

In diesem Kapitel sollen zunächst einige mathematische Grundlagen, die im späteren Verlaufe dieser Bachelorarbeit verwendet werden, kurz erläutert werden. Dabei wird auf Beweise dieser Zusammenhänge verzichtet, diese sind jedoch teilweise in den verwendeten Quellen [2, 5, 7] nachzulesen.

3.1 Das Kronecker-Produkt

Für zwei Matrizen $A = (a_{ij}) \in \mathbb{C}^{m \times n}$ und $B \in \mathbb{C}^{p \times q}$ ist das Kroneckerprodukt

$$A \otimes B = (a_{ij}B) \tag{1}$$

die $(mp) \times (nq)$−Matrix, die entsteht, wenn man jede Komponente der Matrix A mit der Matrix B multipliziert.

Das Kroneckerprodukt hat dabei, neben Bilinearität, unter anderem folgende Eigenschaften:

$$(A \otimes B)^{-1} = A^{-1} \otimes B^{-1} \tag{2}$$
$$(A \otimes B)^{\dagger} = A^{\dagger} \otimes B^{\dagger} \tag{3}$$
$$(A \otimes B)(C \otimes D) = (AC) \otimes (BD), \tag{4}$$

wobei im letzten Fall C, D die entsprechenden Dimensionen besitzen, sodass die Produkte AC und BD definiert sind.

Fasst man $n-$Dimensionale Spaltenvektoren als $n \times 1$-Matrizen auf, so lässt sich das Kronecker-Produkt auch für Vektoren definieren.

Das Kroneckerprodukt wird in der Physik oft auch als Tensorprodukt bezeichnet.

3.2 Die reduzierte Dichtematrix

Betrachtet man den Zustand $\rho_{AB} \in \mathbb{C}^{4 \times 4}$ auf einem 2-Qubit-System, so beschreibt dieser den gemeinsamen Zustand beider Qubits. Mit Hilfe der partiellen Spur können wir daraus jedoch die Zustände der einzelnen Qubits berechnen. Dabei erhält man den Zustand von Qubit A, indem man die Spur über dem zweiten Qubit ausführt.

$$\rho_A = \text{Tr}_B(\rho_{AB}) \tag{5}$$

Die partielle Spur ist dabei folgendermaßen definiert:

$$\text{Tr}_B(\rho_{AB}) := \sum_{i=0}^{1} (\mathbb{1}_A \otimes \langle i|_B) \rho_{AB} (\mathbb{1}_A \otimes |i\rangle_B) \equiv \sum_{i=0}^{1} \langle i|_B \rho_{AB} |i\rangle_B \tag{6}$$

Analog wird der Zustand des zweiten Qubits beschrieben durch die reduzierte Dichtematrix

$$\rho_B = \mathrm{Tr}_A(\rho_{AB}).$$ (7)

Betrachtet man einen Zustand, der sich als Tensorprodukt zweier Dichtematrizen schreiben lässt $\rho_{AB} = \rho_1 \otimes \rho_2$, so ist $\mathrm{Tr}_B(\rho_{AB}) = \rho_1$ und $\mathrm{Tr}_A(\rho_{AB}) = \rho_2$. Die Umkehrung gilt in der Regel jedoch nicht.

4 POVM's und Orthogonale Messungen

In diesem Kapitel wird zunächst die Interpretation des Messvorganges nach Von Neumann vorgestellt. Daraufhin soll mit Hilfe dessen eine Darstellung für POVM's und schließlich auch für Superoperatoren gefunden werden. Als Quellen für dieses Kapitel wurde vor allem [7] verwendet, es finden sich jedoch auch einige Informationen in [2, 3, 5].

4.1 Messung nach Von Neumann

In der Quantenmechanik ist jeder Observablen $\hat{O}$ eine Menge an möglichen Messausgängen $\{i\}$ zugeordnet. Wird diese Observable auf einem System im Zustand $|\Psi\rangle$ gemessen, so nimmt dieses System, unter Annahme normierter Zustände, mit der Wahrscheinlichkeit $p_i = ||\langle\Psi|\Psi_i\rangle||^2$ den Zustand $|\Psi_i\rangle$ an. Die Zustände $\{|\Psi_i\rangle\}$ werden Eigenzustände von $\hat{O}$ genannt.

Von Neumann schlug zur Beschreibung des Messprozesses vor, das System mit Hilbertraum $\mathcal{H}_S$ an einen Messapparat mit Hilbertraum $\mathcal{H}_M$ und ONB $\{|i\rangle\}_{i \in \mathbb{N}_{leqn}}$ zu koppeln,

12

das zu Beginn im Zustand $|0\rangle$ präpariert ist. Dabei soll $\dim(\mathscr{H}_M) = n \geq \dim(\mathscr{H}_S)$ gelten. Das System soll sich dabei wieder im Zustand $|\Psi\rangle = \sum_i c_i |\Psi_i\rangle$ befinden.

Unser Gesamtsystem ist also im Zustand

$$\left(\sum_i c_i |\Psi_i\rangle\right) \otimes |0\rangle \equiv \sum_i c_i |\Psi_i\rangle |0\rangle$$

Nun sollen die beiden Systeme miteinander wechselwirken:

$$\sum_i c_i |\Psi_i\rangle |0\rangle \xrightarrow{e^{-iHt}} \sum_i c_i |\Psi_i\rangle |i\rangle$$

Schließlich soll eine Messung auf dem Messapparat in der Basis $\{|i\rangle\}$ mit Ausgang j durchgeführt werden.

$$\sum_i c_i |\Psi_i\rangle |i\rangle \xrightarrow{\text{Messung}} |\Psi_j\rangle |j\rangle \tag{8}$$

Betrachten wir danach nur noch unser System, so ist dieser Messprozess Äquivalent zur Messung einer Observablen auf dem System, da auch dieser Messausgang mit Wahrscheinlichkeit $|c_j|^2 = p_j$ eintritt.

Der Hamiltonoperator, durch den diese Wechselwirkung beschrieben wird hat die Form

$$H = \lambda \sum_i P_i \otimes \underbrace{\left(|0\rangle\langle i| + |i\rangle\langle 0| + \sum_{j \notin \{0,i\}} |j\rangle\langle j|\right)}_{=:\sigma_x^{(0,i)}}. \tag{9}$$

λ bezeichnet hierbei eine von der Art der Kopplung abhängige Kopplungskonstante und P_i den Projektor auf den Eigenzustand $|\Psi_i\rangle$.

Mit $\left(\sigma_x^{(0,i)}\right)^2 = \mathbb{1}$ und $P_i P_j = \delta_{i,j} P_i$ ist dann

$$e^{-iHt} = \cos(\lambda t) \sum_i P_i \otimes \mathbb{1} + i\sin(\lambda t) \sum_i P_i \otimes \sigma^{(0,i)} \tag{10}$$

Schwache Messungen

An dieser Form der Zeitentwicklung ist direkt zu sehen, dass die zuvor beschriebene Messung nur für $t = \frac{\pi}{2\lambda}$[1] das gewünschte Ergebnis liefert. Dies führt uns auch direkt zur Definition einer **schwachen Messung**. Diese erhalten wir für Messungen zu einem Zeitpunkt $0 < t < \frac{\pi}{2\lambda}$. Hier wird mit der Wahrscheinlichkeit $p = \sin^2(\lambda t)$ eine Messung durchgeführt, sodass der Zustand mit Wahrscheinlichkeit $1 - p$ unverändert bleibt.

Dies lässt sich noch verallgemeinern, indem man nun nicht mehr nur projektive Messungen auf dem Messapparat, sondern auf dem Gesamtsystem erlaubt. Die Auswirkungen Orthogonaler Messungen auf dem erweiterten System auf das ursprüngliche System werden als positive-operator valued measure (POVM) bezeichnet und werden auf den Dichtematrizen der jeweiligen Zustände durch Operatoren F_a dargestellt. Diese Operatoren ergeben sich durch Koeffizientenvergleich der Reduzierten Dichtematrix $Tr_M(\rho')$ mit dem Produkt $F_a \rho_S$. Dabei ist ρ' die Dichtematrix, nachdem eine projektive Messung auf dem Gesamtsystem durchgeführt wurde.

Die F_a erfüllen :

---

[1] Wir beschränken uns dabei auf das Zeitintervall $0 \leq t \leq \pi$, da sich für größere Zeiten keine grundlegenden Veränderungen ergeben.

14

$$i) \quad F_a^\dagger = F_a$$
$$ii) \quad F_a \geq 0$$
$$iii) \quad \sum_a F_a = \mathbb{1}_S \tag{11}$$

4.2 Neumark-Theorem

Wir haben gesehen, dass durch orthogonale Messungen auf einem erweiterten Hilbertraum $\mathscr{H} = \mathscr{H}_S \otimes \mathscr{H}_M$ zu POVM auf dem System $\mathscr{H}_S$ führen.

Mark A. Neumark zeigte sogar, dass für jede POVM, beschrieben durch Operatoren $\{F_a\}$ mit $\mathrm{rk}(F_a) = 1$, auf einem Hilbertraum $\mathscr{H}_A$ eine Erweiterung $\mathscr{H}_B$ und projektive Messungen $\{P_a\}$ auf $\mathscr{H}$ existieren, sodass F_a durch Messung von P_a induziert wird.

Dabei kann ohne Beschränkung der Allgemeinheit angenommen werden, dass sich das System $\mathscr{H}_B$ zu Beginn im Grundzustand $|0\rangle$ befindet.

4.3 Superoperatoren

Als Superoperatoren werden Operatoren auf dem Vektorraum linearer Abbildungen bezeichnet. Damit bilden sie Operatoren auf Operatoren ab, weshalb sie, um sie sprachlich abzuheben, als Superoperatoren bezeichnet werden.

Insbesondere werden also auch Abbildungen, die Dichtematrizen auf Dichtematrizen abbilden als solche bezeichnet.

Die im Rahmen dieser Arbeit betrachteten Fehler werden durch nicht-unitäre Abbildungen auf Dichtematrizen eines Qubits, also durch Superoperatoren beschrieben.

4.3.1 Krausdarstellung

Wie aus den Preskill Notes [3, S. 16ff] zu entnehmen ist, existiert immer eine Operator-Summen-Darstellung der Abbildung ε, falls diese folgende Eigenschaften erfüllt:

0. ε ist linear

1. ε erhält die Hermitizität

2. ε erhält die Spur

3. ε ist vollständig positiv [2]

Die Operator-Summen-Darstellung oder auch Krausdarstellung besteht aus Matrizen M_μ, $\mu \in \mathbb{N}$, sodass

$$\varepsilon(\rho) = \sum_\mu M_\mu \rho M_\mu^\dagger \tag{12}$$

Ist U_{AB} eine unitäre Erweiterung von $\varepsilon(\rho)$ auf $\mathcal{H}_A \otimes \mathcal{H}_B$ mit $\dim(\mathcal{H}_B) =: d$, so erhält man die M_μ durch das partielle Skalarprodukt auf $\mathcal{H}_B$:

$$M_\mu = \langle \mu | U_{AB} | 0 \rangle \tag{13}$$

Dabei ist $\{|\mu\rangle\}_{\mu \in \mathbb{N}_{\le d}}$ eine ONB in $\mathcal{H}_B$ und es wird wieder oBdA angenommen, dass sich das System auf der Erweiterung zu Beginn im Grundzustand befindet.

---

[2] Eine Abbildung $\varepsilon : \mathcal{H}_A \to \mathcal{H}_A$ heißt vollständig positiv, falls für alle Hilberträume $\mathcal{H}_B$ und für alle Dichtematrizen $\rho \in \mathcal{H}_A \otimes \mathcal{H}_B$ mit $\rho \ge 0$ auch $(\varepsilon \otimes id_B)(\rho) \ge 0$ ist.

5 Verschränkung

5.1 Schmidt Zerlegung

Bei der Betrachtung von Qubitpaaren auf zwei Systemen A und B existieren nach [4, Kap. 11.2.1] für jeden Zustand $|\Psi\rangle$ unitäre Operationen U_A und U_B auf den jeweiligen Systemen, sodass der Zustand nach Ausführung dieser Operationen die Form

$$U_A \otimes U_B |\Psi\rangle = \sum_{k=0}^{1} \sqrt{\lambda_k} |k\rangle_A |k\rangle_B \qquad (14)$$

hat. Diese Darstellung des Zustandes nennt man auch die Schmidtzerlegung von $|\Psi\rangle$. Die Anzahl der Summanden mit $\lambda_k \neq 0$ wird als Schmidtzahl s bezeichnet. Man nennt einen Zustand verschränkt, wenn seine Schmidtzahl $s > 1$ ist. Im Falle von Qubits ist dabei nur $s = 2$ möglich.

Diese Definition ist sinngemäß, da wir einen solchen Zustand nicht mehr als Tensorprodukt zweier reiner Zustände schreiben können. Wir können also die beiden Qubits nicht mehr getrennt betrachten.

5.2 Maße für Verschränkung

Wie bereits erwähnt, können verschränkte Zustände nicht mehr als Produkt zweier unkorrelierter Systeme aufgefasst werden. wir wissen über die einzelnen Systeme also weniger, als wir könnten. Diese Eigenschaft wird sich bei der Verschränkung reiner Zustände zu Nutze gemacht: Ein Zustand ist umso verschränkter, je weniger wir über die einzelnen Teilsysteme wissen. Die Information eines Systems erhalten wir mit der von Neumann Entropie

$$S(\rho) = -\text{Tr}(\rho \log_2(\rho)). \qquad (15)$$

Die von Neumann Entropie ist dabei, wie wir gleich sehen werden, für jedes Teilsystem gleich, sodass wir als Maß M_V für die Verschränkung eines reinen Zustandes $|\Psi\rangle$

folgendes definieren können:

$$M_V(|\Psi\rangle) := S(\mathrm{Tr}_B(|\Psi\rangle\langle\Psi|)) \tag{16}$$

Verwendet man, dass die Spur unter Basistransformationen invariant bleibt, so ist

$$S(\rho) = -\sum_{i=1}^{n} \lambda_i \log_2 \lambda_i. \tag{17}$$

Zu beachten ist dabei, dass $0\log_2 0 := \lim_{x\to 0} x\log_2 x \overset{\text{l'Hospital}}{=} 0$

Aus [5, Kap 2.5] ist zudem zu entnehmen, dass die reduzierten Dichtematrizen ρ_A, ρ_B eines reinen Zustandes die selben Eigenwerte besitzen, welche den Schmidtkoeffizienten λ_k aus Gleichung (14) entsprechen. Mit 17 ist damit auch gezeigt, dass die von Neumann Entropie für beide Qubits den gleichen Wert liefert.

5.3 Bell Zustände

Bell Zustände sind benannt nach dem nordirischen Physiker John S. Bell und besitzen eine große Bedeutung in der Quanteninformationstheorie. Dabei handelt es sich um vier maximal verschränkte Zustände, die zusammen eine Orthonormalbasis (ONB) auf zwei-Qubit Systemen bilden:

$$
\begin{aligned}
|\Phi_\pm\rangle &= \frac{1}{\sqrt{2}}(|00\rangle \pm |11\rangle) \\
|\Psi_\pm\rangle &= \frac{1}{\sqrt{2}}(|01\rangle \pm |10\rangle)
\end{aligned}
\tag{18}
$$

Die Zustände können sich dabei in ihrer Phase ($\Phi \leftrightarrow \Psi$) und in ihrer Parität ($+ \leftrightarrow -$) unterscheiden, weshalb man die Zustände auch durch einführung eines Phasen-Bits und eines Paritäts-Bits beschreiben kann. Diese werden jeweils durch Anwendung von

18

σ_x oder σ_z auf eines der beiden Qubits gewechselt. Wir können die Zustände dann schreiben als [4, S. 186][3]

$$|\Phi_{00}\rangle \equiv |\Phi_+\rangle$$
$$|\Phi_{k_1 k_2}\rangle \equiv \sigma_z^{k_1} \otimes \sigma_x^{k_2} |\Phi_{00}\rangle \tag{19}$$

5.4 Wernerzustand

Da die Bell Zustände eine ONB auf können wir die Dichtematrix ρ jedes Zwei-Qubit-Systems in dieser Basis entwickeln:

$$\rho = \sum_{i,j,k,l=0}^{1} \lambda_{ijkl} |\Phi_{ij}\rangle \langle \Phi_{kl}|$$

Seien nun $U_i := \sigma_i^{\otimes 2} \equiv \sigma_i \otimes \sigma_i$ ($i \in \{0,1,2,3\}$). Dann Ändert beispielsweise die Anwendung von U_1 auf einen Zustand $|\Phi_{ij}\rangle$ an, so ändert sich der Zustand nicht, falls $i = 0$ und der Zustand erhält die Globale Phase (-1) für $i = 1$. Wenn wir schließlich mit Wahrscheinlichkeit $p = \frac{1}{2}$ U_1 anwenden und den Zustand mit Wahrscheinlichkeit $p' = 1 - p$ unverändert lassen, so hat der Zustand $\rho' = \frac{1}{2}(U_1 \rho U_1^\dagger + \rho)$ keine Komponenten $|\Phi_{ij}\rangle \langle \Phi_{kl}|$ mit $i \neq k$ mehr.

Auf diese Weise kann durch zufallsbedingte Anwendung der U_i der Zustand ρ zu ρ' depolarisiert werden, der Diagonalgestalt in der Bell-Basis besitzt, ohne seine Diagonaleinträge zu verändern.

Auf ähnliche weise lassen sich auch alle Diagonaleinträge bis auf $|\Phi_{00}\rangle \langle \Phi_{00}|$ manipulieren, um einen sogenannten Wernerzustand ρ_W zu erzeugen. Dieser wird durch einen

---

[3]Dort wird das Zweite Qubit jeweils in der σ_x-Basis angegeben, weshalb die Rollen von σ_x und σ_z für diese Qubits vertauscht sind.

Parameter x vollständig beschrieben:

$$\rho_W(x) := x |\Phi_{00}\rangle \langle\Phi_{00}| + \frac{1-x}{4}\mathbb{1}_4 \qquad (20)$$

Vergleiche dazu [4, S. 186].

6 Verschränkungsreinigung

Unter Verschränkungsreinigung versteht man das erhöhen der Verschränkung bereits leicht verschränkter Zustände. Besonders interessant ist dabei die Erzeugung solcher Euständen zwischen zwei Parteien, hier Alice (A) und Bob (B) genannt, über große Entfernungen und ohne Verwendung von Quantenkanälen. Den beiden Parteien stehen dazu in der Regel Lokale Operation und klassische Kommunikation (LOCC) zur Verfügung.

Aus dem Nielsen Theorem (siehe [5]) lässt sich unter Verwendung der Schur- Konvexität der Shannon-Entropie zeigen, dass die Verschränkung eines Zustandes sich mit LOCC nicht vergrößern lässt. Dadurch wird klar, dass wir zur Erzeugung eines maximal verschränkten Zustandes mindestens zwei weniger verschränkte Zustände brauchen.

Bei der Verschränkungsreinigung wird dabei immer Verschränkung von einem Zustand auf einen anderen übertragen. Dabei lassen sich verschiedene Arten von Protokollen unterscheiden (Vergleiche dazu [4]):

Filterprotokolle

Filterprotokolle arbeiten auf einer Kopie eines gemischten Zustandes ρ. Dieser soll mit Hilfe von lokalen Operationen und "Filtermessungen", die auch schwache Messungen beinhalten können, abhängig vom Ergebnis, mehr verschränkt sein als zuvor. Diese haben sich jedoch als unpraktikabel erwiesen und werden nur der Vollständigkeit wegen aufgeführt.

Schleifenprotokolle

Diese Protokolle basieren, wie der Name schon verrät, darauf, dass eine endliche Anzahl von Schritten, die auch vom Ergebnis vorheriger Schritte abhängen dürfen, immer wieder aufs Neue durchgeführt werden. Diese Schritte dienen im Wesentlichen der Informationsbeschaffung über die Zustände durch Messungen. Da eine Messung den gewünschten verschränkten Zustand jedoch zerstören würde, wird zunächst, unter Ausnutzung der vorhandenen geringen Verschränkung, Information auf ein weiteres (identisches) Qubitpaar übertragen, woraufhin dieses gemessen wird. Bei erfolgreichem Messausgang wird dann das Protokoll wiederholt. Da bei jedem Durchlauf die Hälfte der Zustände gemessen wird, sinkt die Anzahl der zur Verfügung stehenden Paare mit jedem Durchlauf um mindestens 50%.

(geschachteltes) Verschränkungspumpen

Das Verschränkungspumpen basiert auch auf der Verwendung von Schleifenprotokollen und soll lediglich helfen, bei begrenzter Speicherkapazität für Qubits den großen Ressourcenanforderungen der Protokolle gerecht zu werden. Dafür wird in jedem Schritt nur die Verschränkung eines Qubits gereinigt. Da eines der Qubits also immer weniger verschränkt ist, lassen sich damit in der Regel keine maximal verschränkten Zustände erzeugen. Man kann das Pumpen in folgendem Sinne verschachteln: Einzelne Qubitpaare werden zunächst mit Qubitpaaren der Güte F_0 gereinigt, bis sie eine Güte $F_1 > F_0$ erreichen. Diese werden schließlich genutzt, um eines von ihnen auf eine Güte $F_2 > F_1$ zu reinigen. Auf diese Weise lassen sich die Protokolle in beliebig viele Ebenen schachteln. Die Güte F bezeichnet dabei die Ähnlichkeit eines Zustands ρ mit dem gewünschten (reinen) Zustand $|\Psi\rangle$. Es gilt $F = \langle\Psi|\rho|\Psi\rangle$

Hashing- und Breeding-verfahren

Diese Protokolle zählen zu den sogenannten $N \to M$ Protokollen, da sie auf N Kopien eines Zustandes arbeiten und M verschränktere Kopien zurückgeben. Manche von Ihnen arbeiten dabei im Grenzfall $N \to \infty$

Ein Beispiel für ein Protokoll, das auf diesem Limes arbeitet ist das Hashingprotokoll. Dabei werden aus den N Qubitpaaren Untermengen mit jeweils n Paaren genommen, woraufhin lokale CNOT-Operationen mit allen n Paaren als Quelle und einem ausgewählten Qubitpaar als Ziel ausgeführt werden, welches dann gemessen wird.

Bei einem Brut-Protokoll stehen dabei noch zusätzlich m maximal verschränkte Qubitpaare zur Verfügung, mit deren Hilfe noch mehr Information über die restlichen Zustände gewonnen werden kann.

Diese Protokolle sind besonders effizient, versagen auf Grund der häufigen Anwendung von Operationen auf das selbe Qubit jedoch, wenn diese Operation fehlerbehaftet ist.

Im Rahmen dieser Bachelorarbeit wird also die Verschränkungsreinigung mit Hilfe von Schleifenprotokollen untersucht.

Wir betrachten zu Beginn das BBPSSW-Protokoll ohne fehlerhafte Operatoren erklärt werden. Dazu wird zunächst das Protokoll beschrieben, woraufhin Eigenschaften wie Erfolgswahrscheinlichkeit oder Ertrag des Protokolls untersucht werden.

6.1 Das BBPSSW-Protokoll

Das BBPSSW[4]-Protokoll ist, wie bereits erwähnt, ein Schleifen-Protokoll. Es besteht also aus einer endlichen Anzahl an Schritten, die immer wieder durchgeführt werden, sofern bestimmte Bedingungen erfüllt sind. Es wird verwendet, um verschränkte Zustände zwischen zwei räumlich getrennten Qubits herzustellen. Wir betrachten die (räumlich getrennte) Verschränkungsreinigung im Rahmen einer Variante des BBPSSW Protokolls wie sie in [4, S.187f] eingeführt wurde. Es soll ein Qubitpaar, das sich Alice und Bob teilen, verschränkt werden.

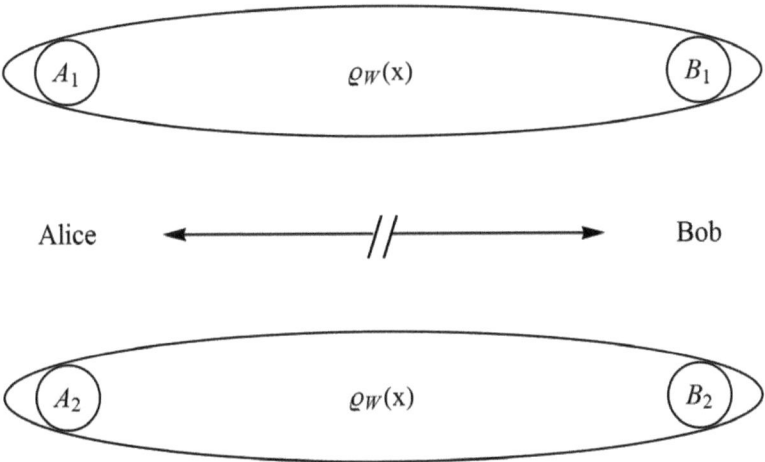

Abbildung 1: Schaubild, das die Verteilung der Qubits zwischen Alice und Bob verdeutlichen soll.

Alice misst dabei ihre Qubits in der σ_z und Bob seine Qubits in der σ_x-Basis. Der maximal verschränkte Zustand hat also die Form

$$|\Phi\rangle = \frac{1}{\sqrt{2}}(|0\rangle_z |0\rangle_x + |1\rangle_z |1\rangle_x) \equiv \frac{1}{\sqrt{2}}(|00\rangle + |11\rangle). \tag{21}$$

Da wir diesen Zustand approximieren werden muss zunächst ein Maß für die Ähnlichkeit eines beliebigen Zustandes ρ mit dem maximal verschränkten Zustand $|\Phi\rangle$

---

[4]Benannt nach C. H. Bennett *et al.* [6]

23

gefunden werden. Dafür definieren wir die Güte

$$F := \langle \Phi | \, \rho \, | \Phi \rangle \tag{22}$$

Somit erhalten wir für den Zustand $|\Phi\rangle$ mit $\rho_\Phi = |\Phi\rangle \langle \Phi|$ selbst die Güte $F = 1$ und für einen Wernerzustand $\rho_W(x)$ die Güte

$$F = \frac{1 + 3x}{4}. \tag{23}$$

Das BBPSSW-Protokoll besteht aus 4 Schritten, die nach jedem Durchlauf wiederholt werden und jeweils auf zwei Qubit-Paaren A_1B_1, A_2B_2 zwischen Alice und Bob durchgeführt werden:

   i Depolarisiere ρ in Wernerform

   ii Wende lokale CNOT-Operationen $U_{CNOT}^{A_1 \rightarrow A_2} \otimes U_{CNOT}^{B_2 \rightarrow B_1}$ [5]

   iii Messung der Qubits $A_2[B_2]$ in Eigenbasis $\sigma_z[\sigma_x]$ mit zugehörigem Ergebnis $(-1)^\xi [(-1)^\zeta]$ $(\xi, \zeta \in \{0, 1\})$

   iv Behalte A_1B_1, falls $\xi \oplus \zeta = 0$

Auch hier wird das zweite Qubit in der σ_x Basis beschrieben. Stellen wir die Dichtematrix jedoch in der σ_z Basis dar, was uns später die Anwendung der CNOT-Operationen erleichtert, so hat der Wernerzustand die Form:

$$\rho_W(x) = \frac{1}{4} \begin{pmatrix} 1 & x & x & -x \\ x & 1 & x & -x \\ x & x & 1 & -x \\ -x & -x & -x & 1 \end{pmatrix} \tag{24}$$

---

[5]Dabei ist zu beachten, dass sämtliche CNOT-Operationen in der σ_z Basis definiert sind.

Lässt man das Protokoll ein mal auf diesem Zustand durchlaufen, so erhält man mit Wahrscheinlichkeit $p_{\text{succ}} = \frac{1}{2}(1+x^2)$ einen Zustand mit Güte

$$F' = \frac{5}{4} + \frac{-2+x}{2(1+x^2)} = \frac{5}{4} + \frac{2(-7+3F)}{17+6F+9F^2} \tag{25}$$

Für die Reinigung eines Zustandes mit einer gewünschten Güte von mindestens $F = 0,999$ und einer anfänglichen Güte von $F_0 = 0,501$ wären 47 Reinigungsschritte und damit über 10^{14} Qubitpaare nötig, welche mit der Wahrscheinlichkeit $p \approx 1.47 \cdot 10^{-8}$ alle Erfolg haben. Bei einer anfänglichen Güte von $F_0 = 0.55$ hätten die dann nötigen 26 Schritte mit der Wahrscheinlichkeit $p_2 \approx 0.003$ Erfolg.

Zur Betrachtung von fehlerhaften Operationen wird vor der Anwendung der CNOT Operationen zunächst ein Fehler auf die Qubits angewendet und schließlich mit perfekten Operationen gerechnet. Dabei werden die Fehler durch Superoperatoren auf den Dichteoperatoren der Zustände beschrieben.

Da Alice's Qubits in der Eigenbasis von σ_x beschrieben werden, die CNOT Operation, jedoch auch auf diese Qubits in der σ_z Basis durchgeführt wird stellt sich die Frage, ob Fehler in der Eigenbasis der Qubits oder in der Basis des Operators angewendet werden sollen. Im Rahmen dieser Bachelorarbeit werden wir sämtliche Fehler in der Basis der Qubits, also in der σ_x-Basis für Alice, dargestellt, um Fehler wie Bit-Flips auch im eigentlichen Sinne korrekt darzustellen.

6.2 Depolarisierender Kanal

Ein Depolarisierender Kanal ersetzt die Dichtematrix $\rho \in \mathbb{C}^{2\times 2}$ mit Wahrscheinlichkeit $1-p$ durch den vollständig gemischten Zustand $\frac{1}{2}\mathbb{1}_2$ und lässt ihn mit Wahrscheinlichkeit p unverändert.

25

Wir können verwenden, dass für eine beliebige Matrix $A \in \mathbb{C}^{2\times 2}$ $\sum_{i=0}^{3} \sigma_i A \sigma_i = 2\mathrm{Tr}(A)\mathbb{1}_2$ und finden damit

$$
\begin{aligned}
\varepsilon(\rho) &= p\rho + \frac{1-p}{2}\mathbb{1}_2 & (26)\\
&= p\rho + \frac{1-p}{4}\sum_{i=0}^{3}\sigma_i\rho\,\sigma_i \\
&= \frac{1+3p}{4}\mathbb{1}_2\rho\mathbb{1}_2 + \frac{1-p}{4}\sum_{i=1}^{3}\sigma_i\rho\,\sigma_i & (27)
\end{aligned}
$$

Somit können wir die Krausoperatoren direkt ablesen: [6]:

$$
\begin{aligned}
M_0 &= \frac{\sqrt{1+3p}}{2}\mathbb{1}_2 & (28)\\
M_i &= \frac{\sqrt{1-p}}{2}\sigma_i \quad, i \in \{1,2,3\} & (29)
\end{aligned}
$$

Indem wir das Tensorprodukt der Krausoperatoren mit der Einheitsmatrix bilden können wir den Fehler schließlich auf jedes Qubit anwenden. Man findet für einen Wernerzustand nach dem Anwenden des Fehlers auf jedes Qubit die Dichtematrix

$$
\rho'_W(x) = \frac{1}{4}\begin{pmatrix}
1 & p^2x & p^2x & -p^2x \\
p^2x & 1 & p^2x & -p^2x \\
p^2x & p^2x & 1 & -p^2x \\
-p^2x & -p^2x & -p^2x & 1
\end{pmatrix} \tag{30}
$$

Durch vergleichen mit Gleichung (24) sieht man direkt, dass die Reinigung eines Wernerzustandes $\rho_W(x)$ mit einem depolarisierenden Kanal der Fehlerwahrscheinlichkeit $1-p$ äquivalent zur Reinigung eines Zustandes $\rho_W(p^2x)$ ist.

---

[6]Die Krausoperatoren werden jeweils nur für Alice's Qubits und damit in der σ_z Basis angegeben. Die Krausoperatoren für Bobs Qubits entsprechen dann jeweils $M'_\mu = T^x_z \cdot M_\mu \cdot T^z_z$, wobei $T^x_z = T^z_x$ die Basiswechselmatrizen zwischen den beiden Basen beschreiben

Ergebnis

Damit gilt für den Parameter x' des Wernerzustandes nach einmaliger Reinigung

$$x' = \frac{2p^2x\left(1+2p^2x\right)}{3+3p^4x^2} \tag{31}$$

Diesen erhält man mit der Wahrscheinlichkeit

$$p_{\text{succ}} = \frac{1}{2} + \frac{p^4x^2}{2} \tag{32}$$

Dabei bezeichnet x den Parameter des Wernerzustandes vor dem Durchlauf des Protokolls. Mit dem Zusammenhang (23) lässt sich nun der Gewinn an Güte $F' - F$ eines Durchlaufs berechnen. Plottet man diesen über F, so kann man an den Nullstellen direkt ablesen, auf welchem Intervall $(F_{\text{min}}, F_{\text{max}})$ sich der Zustand reinigen lässt:

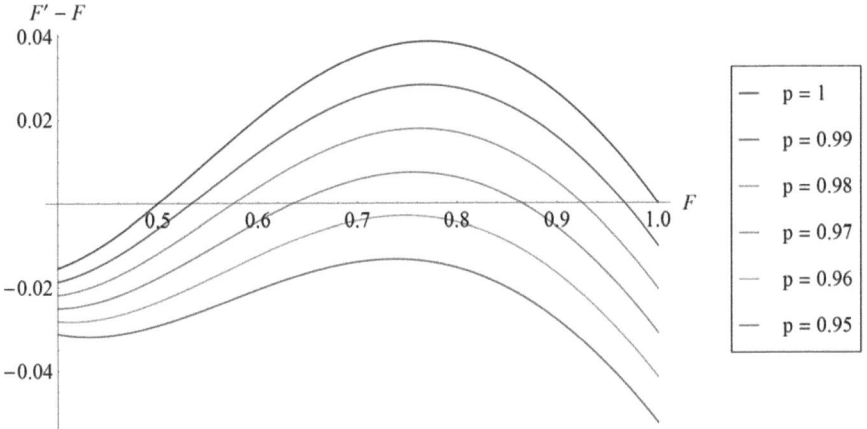

Abbildung 2: Kurven zeigen die Änderung der Güte F bei einmaligem Durchlaufen des BBPSSW Protokolls unter Verwendung eines depolarisierenden Kanals

27

Es gilt:

$$F_{\min} = \frac{3}{4} - \frac{\sqrt{p^4(-9+6p^2+4p^4)}}{4p^4} \tag{33}$$

$$F_{\max} = \frac{1}{4}\left(3 + \frac{\sqrt{p^4(-9+6p^2+4p^4)}}{p^4}\right) \tag{34}$$

Plottet man diese beiden nun über p, so lässt sich an ihrem Schnittpunkt ablesen, wie groß die Fehlerwahrscheinlichkeit maximal sein darf, sodass Verschränkungsreinigung noch in gewissem Maße möglich ist.

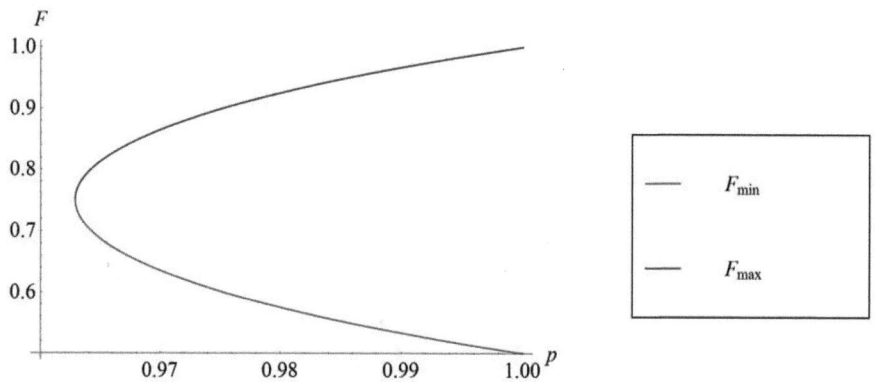

Abbildung 3: $F_{\min}$ und $F_{\max}$ in Abhängigkeit von p

6.3 Bit-Flip Kanal ε_B

Ist ein Kanal mit einem Bit-Flip-Fehler behaftet, so soll mit einer Wahrscheinlichkeit $1-p$ ein gesendetes Bit gedreht werden. Dies lässt sich in der Wechselwirkung mit der Umgebung folgendermaßen darstellen:

$$\varepsilon_B: \quad |0\rangle_S|0\rangle_E \longmapsto \sqrt{p}|0\rangle_S|0\rangle_E + \sqrt{1-p}|1\rangle_S|1\rangle_E \tag{35}$$

$$|1\rangle_S|0\rangle_E \longmapsto \sqrt{p}|1\rangle_S|0\rangle_E + \sqrt{1-p}|0\rangle_S|1\rangle_E \tag{36}$$

Mit (13) können wir daraus nun die Krausoperatoren berechnen, durch die ε_B auf dem System beschrieben wird.

Für $\mu = 0$ bleiben auf dem System die Abbildungen $|0\rangle \longmapsto \sqrt{p}\,|0\rangle$ und $|1\rangle \longmapsto \sqrt{p}\,|1\rangle$ übrig, was dann zum Krausoperator $M_{B,0} = \sqrt{p}(|0\rangle\langle 0| + |1\rangle\langle 1|)$ führt. Durch analoge Überlegungen für $\mu = 1$ erhalten wir schließlich:

$$M_{B,0} = \sqrt{p}\,\mathbb{1}_2 \tag{37}$$

$$M_{B,1} = \sqrt{1-p}\,\sigma_x \tag{38}$$

Ergebnis

Wird das Protokoll mit diesem Fehler behaftet und einmal durchgeführt, so ergibt sich nach der erneuten Durchführung von Schritt $i)$ ein Wernerzustand mit Parameter

$$x' = \frac{2x\left((1-2p)^2 + 2(1+2(-1+p)p)^2 x\right)}{3 + 3(1-2p)^4 x^2} \tag{39}$$

Auch dieses Ergebnis wird mit (23) umgerechnet, sodass der Zuwachs der Güte des Zustandes geplottet werden kann:

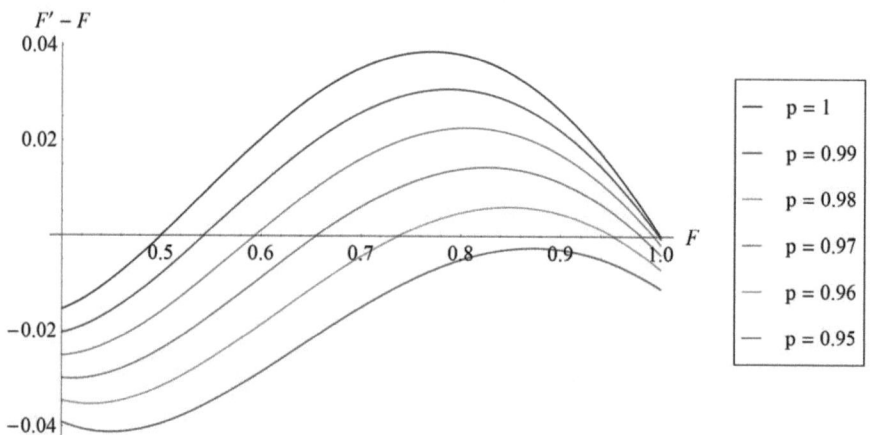

Abbildung 4: Kurven zeigen die Änderung der Güte F bei einmaligem Durchlaufen des BBPSSW Protokolls unter Verwendung eines Bit-Flip Kanals

Auch hier werden die Größen F_{min}, F_{max} wieder über p geplottet. Die Formeln selbst werden hier jedoch nicht angegeben, da sie auf Grund ihrer komplexität zu unübersichtlich sind und daher auch nicht aussagekräftig wären.

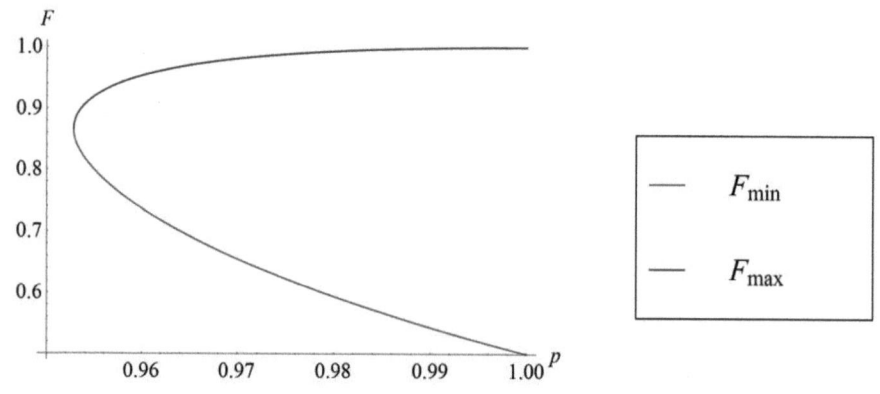

Abbildung 5: F_{min} und F_{max} in Abhängigkeit von p

Die Wahrscheinlichkeit, die beiden Qubits im Zustand $|00\rangle$ oder im Zustand $|11\rangle$ zu

Messen beträgt

$$p_{\text{succ}} = \frac{1}{2}\left(1 + (2p-1)^4 x^2\right) \tag{40}$$

6.4 Phase-Flip Kanal

Enthält ein Kanal einen Phase-Flip Fehler, wird mit der Wahrscheinlichkeit $p_{\text{err}} = 1 - p$ die Phase des $|1\rangle$ Zustandes geflipt. Auf dem mit der Umgebung erweiterten System lässt sich dies so beschreiben: [7]

$$\varepsilon_P: \quad |0\rangle_S|0\rangle_E \longmapsto \sqrt{p}|0\rangle_S|0\rangle_E + \sqrt{1-p}|0\rangle_S|1\rangle_E \tag{41}$$

$$|1\rangle_S|0\rangle_E \longmapsto \sqrt{p}|1\rangle_S|0\rangle_E - \sqrt{1-p}|1\rangle_S|1\rangle_E \tag{42}$$

Die Krausoperatoren werden hier wieder mit Hilfe des partiellen Skalarproduktes 13 berechnet. Dabei ergibt sich

$$M_{P,0} = \sqrt{p}\,\mathbb{1}_2 \tag{43}$$

$$M_{P,1} = \sqrt{1-p}\,\sigma_z. \tag{44}$$

---

[7] An dieser Stelle wäre auch $|0\rangle_S|0\rangle_E \longmapsto |0\rangle_S|0\rangle_E$ möglich gewesen, der Einfachheit bei der Programmierung halber wurde der Fehler jedoch so dargestellt, dass er durch eine Paulimatrix beschrieben wird.

Ergebnis

Nach einmaliger Anwendung des Protokolls auf einen Zustand mit Parameter x ergibt sich ein Zustand mit Parameter

$$x' = \frac{2x\left(1 + 2(1 - 2p)^4 x\right)}{3\left(1 + x^2\right)} \tag{45}$$

Die Wahrscheinlichkeit dafür, dass dieser Zustand gemessen wird beträgt

$$p_{\text{succ}} = \frac{1}{2}(1 + x^2). \tag{46}$$

Damit beeinflusst ein Phase-Flip Kanal die Erfolgswahrscheinlichkeit der Messung nicht, zumal er die Diagonalelemente in der Eigenbasis und damit die Wahrscheinlichkeiten, einen Zustand zu messen, nicht beeinflusst.

Wir stellen hier auch wieder den Gütezuwachs bei einmaliger Durchführung und korrekter Messung dar:

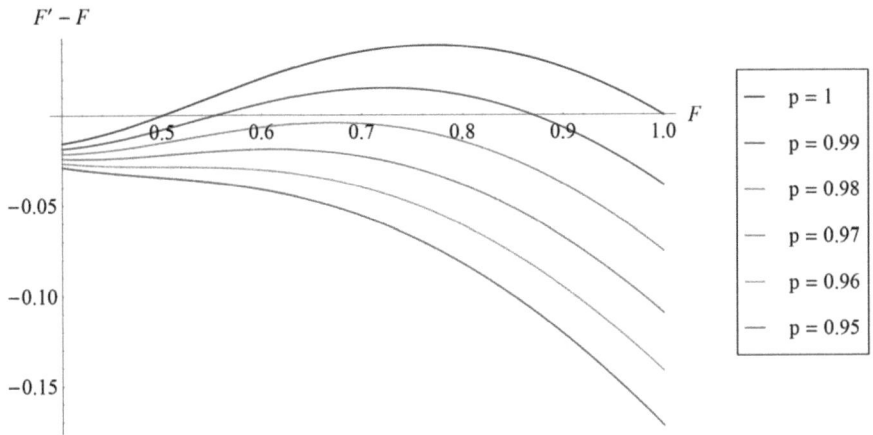

Abbildung 6: Kurven zeigen die Änderung der Güte F bei einmaligem Durchlaufen des BBPSSW Protokolls unter Verwendung eines Phase-Flip Kanals

Da die Formeln für F_{min} und F_{max} bei einem Phase-Flip Fehler zu unübersichtlich sind werden an dieser Stelle wieder ihre Kurven geplottet:

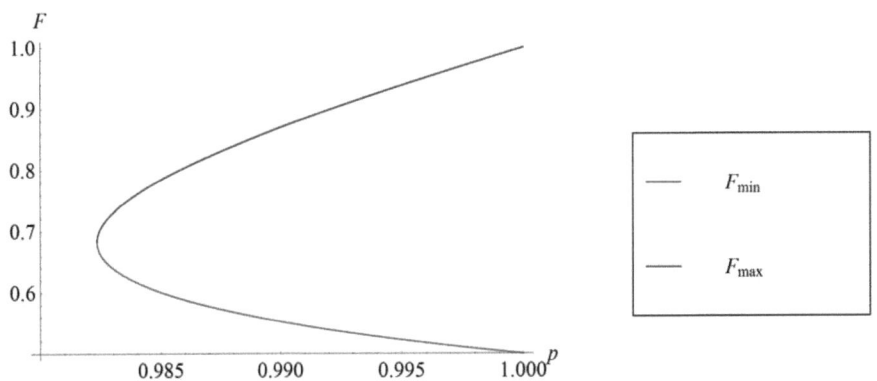

Abbildung 7: F_{min} und F_{max} in Abhängigkeit von p

6.5 Bit- und Phase-Flip Kanal

In diesem Kapitel betrachten wir die Auswirkungen beider Fehler zur gleichen Zeit auf das Protokoll. Die Krausoperatoren $M_{BP,\mu}$ für diesen Fehler ergeben sich damit als $M_{BP,\mu} = M_{B,\mu} \cdot M_{P,\mu}$. Mit

$$
\begin{aligned}
\sigma_x \sigma_z \rho (\sigma_x \sigma_z)^\dagger &= \sigma_x \sigma_z \rho \sigma_z^\dagger \sigma_x^\dagger \\
&= \sigma_x \sigma_z \rho \sigma_z \sigma_x \\
&= -\sigma_x \sigma_z \rho \sigma_x \sigma_z \\
&= \sigma_y \rho \sigma_y
\end{aligned}
\tag{47}
$$

Ist schließlich

$$
\begin{aligned}
M_{BP,0} &= \sqrt{p}\,\mathbb{1}_2 \\
M_{BP,1} &= \sqrt{1-p}\,\sigma_y.
\end{aligned}
$$

$$\tag{48}$$
$$\tag{49}$$

Ergebnis

Nach der einmaligen Anwendung des Protokolls auf $\rho_W(x)$ lässt sich der so entstandene Zustand zu einem Wernerzustand mit Parameter

$$
x' = \frac{2x\left((1-2p)^2 + 2(1+2(-1+p)p)^2 x\right)}{3 + 3(1-2p)^4 x^2}
\tag{50}
$$

depolarisieren.

Man erhält diesen Zustand mit Wahrscheinlichkeit

$$p_{\text{succ}} = \frac{1}{2}(1 + (1 - 2p)^4 x^2).$$ (51)

Damit sind die Auswirkungen dieses Fehlers die gleichen wie die eines reinen Bit-Flip Fehlers und müssen nicht erneut geplottet werden. (Siehe dafür Kapitel 6.3)

6.6 Vergleich von Bit- und Phase-Flip Fehlern

Nachdem hier bereits σ_x, σ_y und σ_z Fehler einzeln und gemeinsam mit jeweils gleicher Wahrscheinlichkeit untersucht wurden, sollen in diesem Kapitel noch weitere Kombinationen dieser Fehler untersucht werden. Dabei soll der Zustand wieder mit einer Wahrscheinlichkeit p unverändert bleiben und entsprechend mit der Wahrscheinlichkeit $1 - p$ mit einem Fehler behaftet werden.

Wir stellen den Fehler wieder über die Krausoperatoren dar und führen drei zusätzliche Variablen $a, b, c \in (0, 1)$ ein, mit denen die Wahrscheinlichkeiten für die einzelnen Fehler unterschiedlich geregelt werden können:

$$M_0 = \sqrt{p}\mathbb{1}_2$$ (52)
$$M_1 = \sqrt{a \cdot (1 - p)}\sigma_x$$ (53)
$$M_2 = \sqrt{b \cdot (1 - p)}\sigma_y$$ (54)
$$M_3 = \sqrt{c \cdot (1 - p)}\sigma_z$$ (55)

Um Spurerhaltung zu gewährleisten, muss dabei darauf geachtet werden, dass

$$a + b + c = 1$$ (56)

erfüllt ist.

Ergebnis

Damit wurde nun wieder ein Durchlauf des BBPSSW-Protokolls durchgeführt und die Ergebnisse für verschiedene Werte von a, b, c verglichen.

Dazu wurde der Zuwachs an Güte für einen festen Wert der ursprünglichen Güte und eine feste Fehlerwahrscheinlichkeit über den Parametern a von 0 bis $1 - b$ und b von 0 bis 1 geplottet. Aus der Normierungsbedingung (56) ergibt sich dabei $c = 1 - a - b$:

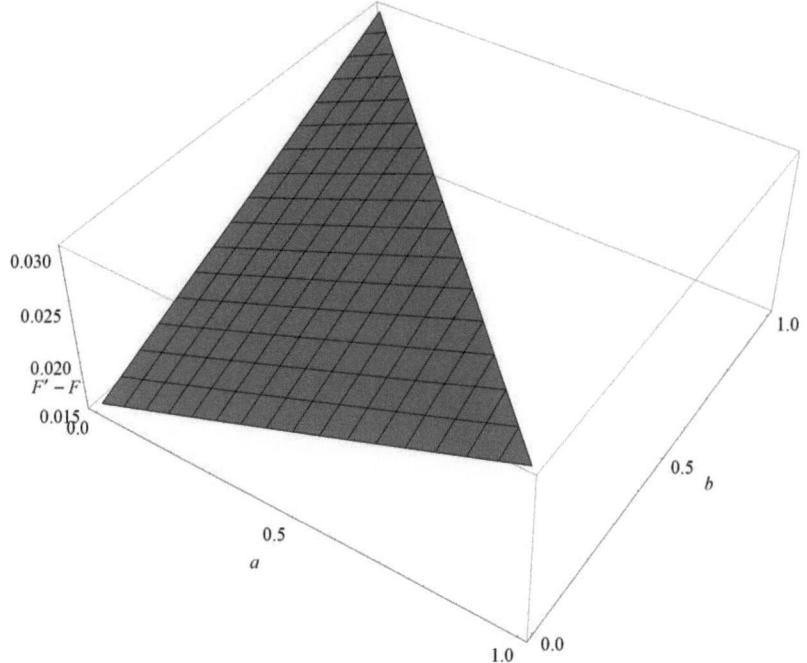

Abbildung 8: $F' - F$ für $F = 0.75$ und $p = 0.99$

Dabei scheint der Gütezuwachs für ein festes c konstant. Zur Bestätigung wurde der Zuwachs an Güte noch einmal für feste c geplottet, wo sich doch noch eine Abhängigkeit vom Verhältnis zwischen a und b zeigte. Diese wird hier noch an einem Beispiel verdeutlicht:

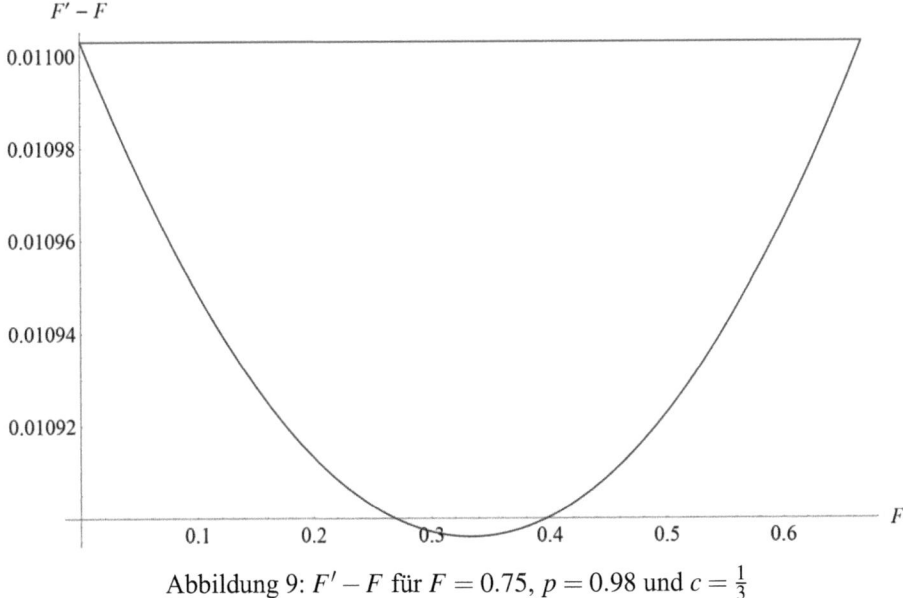

Abbildung 9: $F' - F$ für $F = 0.75$, $p = 0.98$ und $c = \frac{1}{3}$

Dennoch zeigt Grafik 8 deutlich, dass der Unterschied zwischen verschiedenen Kombinationen von σ_x und σ_y Fehlern vernachlässigbar klein ist.

6.7 Amplituden-Dämpfungskanal ε_A

In einem Amplituden-Dämpfungs Kanal geschieht mit der Wahrscheinlichkeit $1 - p$ ein Übergang von $|1\rangle$ zu $|0\rangle$, wodurch beispielsweise der Spontane Emission eines Photons beschrieben werden kann. Eine unitär erweiterbare Beschreibung auf dem Gesamtsystem mit der Umgebung könnte folgendermaßen aussehen:

$$\varepsilon_A : \quad |0\rangle_S |0\rangle_E \quad \longmapsto \quad |0\rangle_S |0\rangle_E \tag{57}$$

$$|1\rangle_S |0\rangle_E \quad \longmapsto \quad \sqrt{p}\,|1\rangle_S |0\rangle_E + \sqrt{1-p}\,|0\rangle_S |1\rangle_E \tag{58}$$

Die Krausoperatoren, die sich daraus ergeben sehen dann folgendermaßen aus:

$$M_{A,0} = |0\rangle \langle 0| + \sqrt{p}|1\rangle \langle 1| \qquad (59)$$

$$M_{A,1} = \sqrt{1-p}\,|0\rangle \langle 1| \qquad (60)$$

Ergebnis

Nach der Durchführung des mit einer Amplitudendämpfung belegten Protokolls wurde wieder der Zuwachs an Güte untersucht. Dabei fiel auf, dass das Ergebnis dieses mal davon abhing, ob in Schritt *iii)* des Protokolls beide gemessenen Qubits im $|0\rangle$ oder im $|1\rangle$ Zustand gemessen wurden:

Messung von $|00\rangle$

Dieser Fall Tritt mit Wahrscheinlichkeit

$$p_0 = \frac{1}{4}\left(\left(1+(1-p)^2\right)^2 + 2(1-p)^2 p^2 x + p^4 x^2\right) \qquad (61)$$

auf und es ergibt sich nach der einmaligen Reinigung ein Zustand, der zu einem Wernerzustand mit Parameter

$$x' = \frac{4p^2 + 2(-1+p)^2 x + 4(-1+p)^2 x^2}{3\left((1+p^2)^2 + 2(-1+p)^2 p^2 x + (-1+p)^4 x^2\right)} \qquad (62)$$

destilliert werden kann.

Der Zuwachs an Güte bei einem Schritt verhält sich dabei wie in der folgenden Grafik zu sehen ist:

38

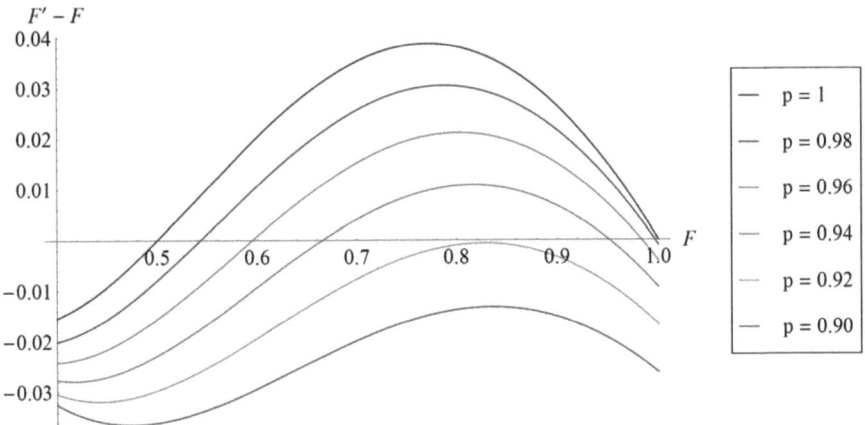

Abbildung 10: Kurven zeigen die Änderung der Güte F bei einmaligem Durchlaufen des BBPSSW Protokolls unter Verwendung eines Amplituden-Dämpfungskanals bei Messung von $|00\rangle$.

Messung von $|11\rangle$

Die Wahrscheinlichkeit dafür, dass dieser Fall eintritt beträgt

$$p_1 = \frac{1}{4}p^2(2(2+x) + p(1+x)(-4+p+px)) \tag{63}$$

und ein entsprechender Wernerzustand gleicher Güte hätte den Parameter

$$x' = \frac{2x(1+2x)}{3\left((1+p)^2 + 2p^2x + (-1+p)^2x^2\right)} \tag{64}$$

Durch Plotten des Gütegewinns $F' - F$ untersuchen wir wieder das Verhalten des Protokolls unter diesem Fehler:

39

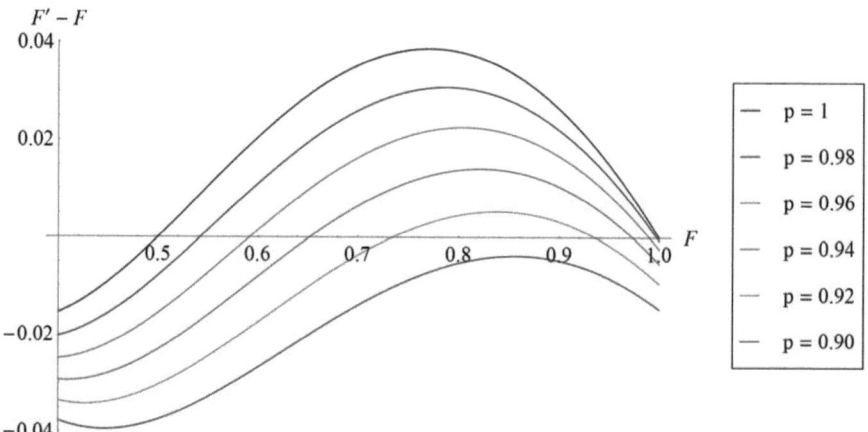

Abbildung 11: Kurven zeigen die Änderung der Güte F bei einmaligem Durchlaufen des BBPSSW Protokolls unter Verwendung eines Amplituden-Dämpfungskanals bei Messung von $|11\rangle$.

Die Berechnung der Schnittpunkte des Gütezuwachses mit der F−Achse konnte von den verwendeten Programmen in diesem Fall nicht in annehmbarer Zeit berechnet werden, weshalb zur Abschätzung der Intervalle Grafik 11 genügen muss.

Zumal beide Messausgänge verschieden große Auswirkungen auf das BBPSSW- Protokoll haben könnte die Wahrscheinlichkeit für diese Messausgänge im Vergleich interessant sein. Dazu plotten wir beide Wahrscheinlichkeiten für ein festes F:

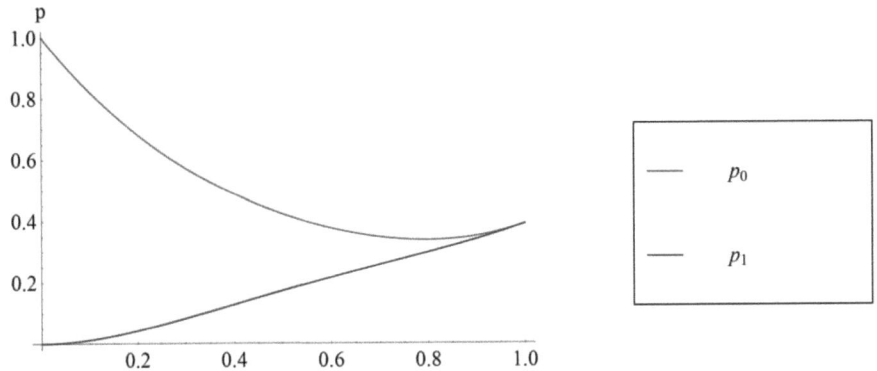

Abbildung 12: Vergleich der Wahrscheinlichkeiten für die verschiedenen Messausgänge

Da wir das Protokoll nur für kleine Fehlerwahrscheinlichkeiten, also große Werte von p erfolgreich durchführen können treten beide Fälle mit annähernd gleicher Wahrscheinlichkeit auf.

6.8 Phasen-Dämpfungskanal ε_{PD}

Dieser Kanal wird durch die Abbildungsvorschrift

$$\varepsilon_{PD}: \quad |0\rangle_S |0\rangle_E \longmapsto |0\rangle_S |0\rangle_E \tag{65}$$

$$|1\rangle_S |0\rangle_E \longmapsto \sqrt{p}\,|1\rangle_S |0\rangle_E + \sqrt{1-p}\,|1\rangle_S |1\rangle_E \tag{66}$$

beschrieben.

Es ergeben sich dadurch die Krausoperatoren

$$M_0 = \sqrt{1-p}\,|1\rangle\langle 1| \tag{67}$$

$$M_1 = |0\rangle\langle 0| + \sqrt{p}\,|1\rangle\langle 1|. \tag{68}$$

Betrachtet man die Auswirkung auf die Dichtematrix eines Qubits, so wird auch die Namensgebung dieses Fehlers klar:

$$\varepsilon_{AD}\left(\begin{pmatrix} a & b \\ b^* & 1-a \end{pmatrix}\right) = \begin{pmatrix} a & \sqrt{1-p}\,b \\ \sqrt{1-p}\,b^* & 1-a \end{pmatrix} \tag{69}$$

Dieser Fehler erhält die Wahrscheinlichkeiten, das Qubit in den Zuständen $|0\rangle, |1\rangle$ vorzufinden, dämpft jedoch die Phasenbeziehung zwischen den beiden Zuständen.

Ergebnis

Da dieser Kanal wie bereits geschrieben die Wahrscheinlichkeiten, einen Zustand zu messen nicht beeinflusst hat ein Schritt auch hier wieder die Erfolgswahrscheinlichkeit

$$p_{\text{succ}} = \frac{1}{2}(1+x^2). \tag{70}$$

Der Parameter x ändert sich bei der erfolgreichen Durchführung eines Schrittes zu

$$x' = \frac{2x\left(1+2p^2 x\right)}{3\left(1+x^2\right)}, \tag{71}$$

welcher sich für verschiedene Fehlerwahrscheinlichkeiten $1-p$ folgendermaßen verhält:

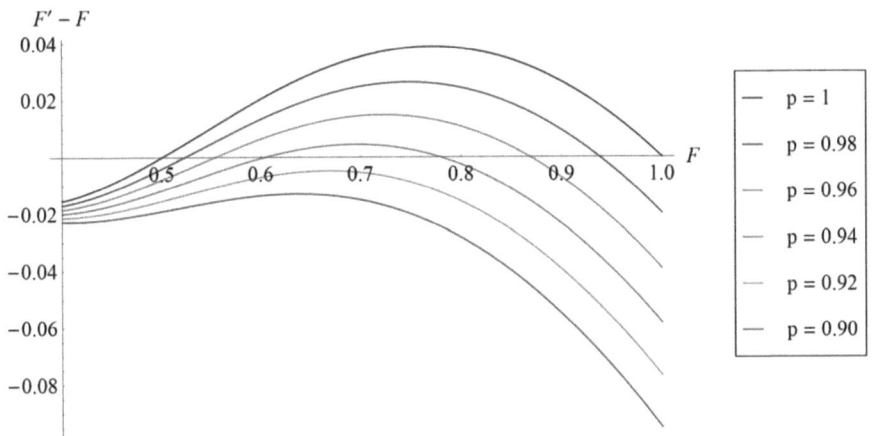

Abbildung 13: Kurven zeigen die Änderung der Güte F bei einmaligem Durchlaufen des BBPSSW Protokolls unter Verwendung eines Phasen-
Dämpfungskanals.

Die Schnittpunkte mit der F-Achse F_{min} und F_{max} sind

$$F_{min} = \frac{3}{4} - \frac{\sqrt{p^4(-9+6p^2+4p^4)}}{4p^4} \tag{72}$$

$$F_{max} = \frac{1}{4}\left(3 + \frac{\sqrt{p^4(-9+6p^2+4p^4)}}{p^4}\right) \tag{73}$$

und verhalten sich in p folgendermaßen:

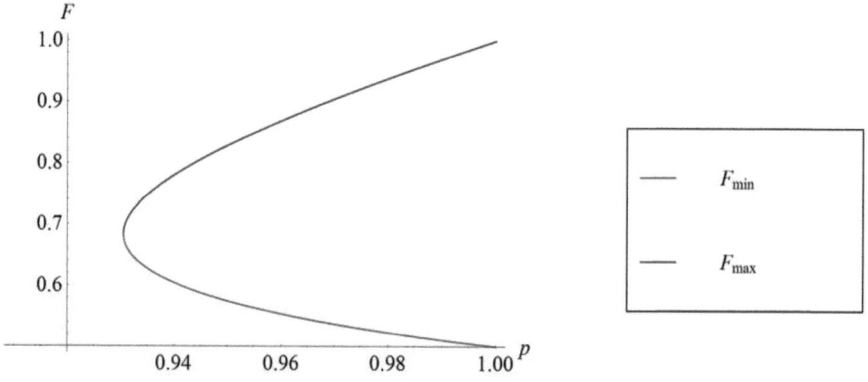

Abbildung 14: F_{min} und F_{max} in Abhängigkeit von p

7 Fazit

Die gemachten Berechnungen zeigten, dass die Reinigung maximal verschränkter Zustände mit einem BBPSSW Protokoll trotz fehlerhafter Operationen noch immer möglich ist. Gereinigt werden können mit zunehmender Fehlerwahrscheinlichkeit jedoch nur Zustände, die auch eine entsprechend höhere Güte besitzen. Ebenso sinkt die maximal erreichbare Güte mit zunehmender Fehlerwahrscheinlichkeit auch monoton ab, was jedoch von Anfang an zu erwarten war. Wie stark diese beiden Größen von der Fehlerwahrscheinlichkeit abhängen ist dabei eine Frage des betrachteten Fehlers. Beim Vergleich der drei Fehler, welche durch die Paulimatrizen induziert werden (siehe Kapitel 6.6) zeigte sich deutlich, dass Phasenfehler eine sehr viel stärkere Auswirkung auf die zu erwartende Verschränkung haben, als andere Fehler. Dies bestätigt sich auch im Vergleich von Amplituden-Dämpfung und Phasen-Dämpfung. Auf der anderen Seite verringern reine Phasenfehler die Erfolgswahrscheinlichkeit eines Reinigungsschrittes nicht, was die Reinigung über solche Kanäle ressourcenschonender macht.

Vergleicht man die Dichtematrizen des maximal verschränkten Zustandes $|\Phi_+\rangle$ mit der Dichtematrix des Mischzustandes, der identische Messergebnisse vorhersagt,

$\rho = \frac{1}{2}(|00\rangle \langle 00| + |11\rangle \langle 11|)$, so können wir eine Idee für den Grund der starken Auswirkung von Phasenfehlern bekommen. Diese beiden Matrizen unterscheiden sich nur durch ihre nicht-Diagonal Elemente, welche die Phasenbeziehung zwischen den beiden Zuständen $|00\rangle$ und $|11\rangle$ beschreiben. Ohne diese Phasenbeziehungen würde sich ein maximal verschränkter Zustand also nicht von einer gleichmäßigen Mischung zweier Zustände unterscheiden.

Da die Reinigung maximal verschränkter Zustände mit Schleifen-Protokollen ohnehin schon eine große Anzahl an Reinigungsschritten erfordert, welche zu Beginn auch eine Erfolgswahrscheinlichkeit $p_{\text{succ}} < 0.5$ besitzen, ist der Ressourcenaufwand bereits enorm. Sollte also Verschränkungsreinigung zeitlich effizient möglich sein, so wäre eine verringerte Erfolgswahrscheinlichkeit vermutlich zu vernachlässigen. Interessant wäre dann vor Allem die Güte der erzeugten Zustände, da diese letztlich das Maß bestimmt, in dem Verschränkung genutzt werden kann um sich von klassischen Anwendungen abzuheben.

Beim Vergleich von Bit- und Phase-Flip Fehlern erstaunte mich zunächst, dass die Auswirkungen des Phase-Flip Fehlers auf die erreichbare Güte so viel stärker ausfielen, als die des dephasierenden Kanals, der eben diesen Fehler selbst beinhaltete. Ich stellte mir daraufhin die Frage, ob es eventuell möglich wäre, die Reinigung über einen fehlerhaften Kanal ε_1 zu verbessern, indem man ihn mit einem zusätzlichen Fehler, beschrieben durch einen weiteren Kanal ε_2, belegt. Es zeigte sich jedoch, dass dies nicht der Fall war, wie in folgender Grafik zu sehen ist:

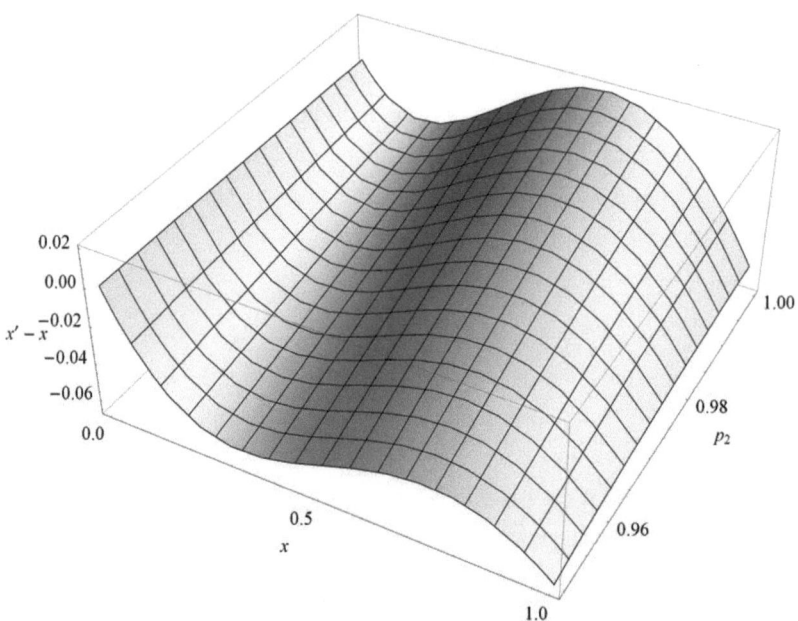

Abbildung 15: Änderung $x' - x$ des Parameters x bei einmaligem Durchlauf des Protokolls. Dabei trat mit der Wahrscheinlichkeit $p = 0.01$ ein Phase-Flip Fehler und mit der Wahrscheinlichkeit p_2 ein Bit-Flip Fehler auf.

Für ein festes p_2 zeigt die Kurve den typischen Verlauf der Differenz $x' - x$. Die Kurve steigt außerdem monoton in p_2. Es ist also nicht möglich, die maximal erreichbare Güte auf Kosten der Erfolgswahrscheinlichkeit zu erhöhen, indem man einen zusätzlichen Bit-Flip Fehler an den mit einem Phase-Flip Fehler behafteten Kanal anlegt. Dabei wurde der Bit-Flip Fehler gewählt, da das gleichzeitige Auftreten von Bit- und Phase Flip Fehlern in etwa die gleichen Auswirkungen wie ein reiner Bit-Flip Fehler hat.

8 Anhang

8.1 Formeln

Der Parameter x' nach einmaligem Durchlauf des Protokolls mit den Krausoperatoren wie in Kapitel 6.6

$$\left(x\left(4(c+a(-1+p)+b(-1+p)+p-cp)^2(a+b+c+p-(a+b+c)p)^2+\right.\right.$$
$$4(b+a(-1+p)+c(-1+p)+p-bp)^2(b+c+a(-1+p)-(1+b+c)p)^2x-$$
$$\left(-(b+a(-1+p)+c(-1+p)+p-bp)^4-(b+c+a(-1+p)-(1+b+c)p)^4\right)x+$$
$$\left.\left.\left((b+a(-1+p)+c(-1+p)+p-bp)^4+(b+c+a(-1+p)-(1+b+c)p)^4\right)x\right)\right)$$
$$\left/\left(6(a+b+c+p-(a+b+c)p)^4\left(1+\frac{(c+a(-1+p)+b(-1+p)+p-cp)^4x^2}{(a+b+c+p-(a+b+c)p)^4}\right)\right)\right) \tag{74}$$

Erfolgswahrscheinlichkeit des Schrittes:

$$\frac{1}{2}+\frac{(c+a(-1+p)+b(-1+p)+p-cp)^4x^2}{2(a+b+c+p-(a+b+c)p)^4} \tag{75}$$

8.2 Mathematica [14] Quellcode

8.2.1 Funktionen und Operatoren (Functions.nb)

Listing 1: Erzeugen eines Vektors aus dem Bitwert

```
1 BitToVec[a_] := If[a == 0, Return[{{1}, {0}}], Return[{{0}, {1}}]]
```

Listing 2: Erzeugen eines Vektors aus Bitwerten auf dem Produktraum

```
1 VecK[args___] := Fold[KroneckerProduct, {1}, Map[BitToVec, {args}]]
```

Listing 3: Erzeugen der Dichtematrix aus einem Vektor

```
1  Dens2[v_] := v.v^T
```

Listing 4: Spur über die zweiten Qubits

```
1  Tr1[M_] := (1st = DiagonalMatrix[{0, 0, 0, 0}];
2    For[i = 1, i < 5, i++,
3      For[j = 1, j < 5, j++,
4        For[k = 1, k < 5, k++,
5          1st[[i, j]] += M[[4*(i - 1) + k, 4*(j - 1) + k]]
6        ]
7      ]
8    ];
9    Return[1st])
```

Listing 5: Erzeugen der Paulimatrix σ_x

```
1  X = {{0, 1}, {1, 0}}; X // MatrixForm
```

$$\begin{pmatrix} 0 & 1 \\ 1 & 0 \end{pmatrix}$$

Listing 6: Erzeugen der Paulimatrix σ_y

```
1  Y = {{0, -I}, {I, 0}}; Y // MatrixForm
```

$$\begin{pmatrix} 0 & -i \\ i & 0 \end{pmatrix}$$

Listing 7: Erzeugen der Paulimatrix σ_z

```
1  Z = {{1, 0}, {0, -1}}; Z // MatrixForm
```

$$\begin{pmatrix} 1 & 0 \\ 0 & -1 \end{pmatrix}$$

Listing 8: Basiswechselmatrix zwischen der σ_x und der σ_z Basis

```
1  Z2X = X.Eigenvectors[X].X/Sqrt[2]; Z2X // MatrixForm
```

$$\begin{pmatrix} \frac{1}{\sqrt{2}} & \frac{1}{\sqrt{2}} \\ \frac{1}{\sqrt{2}} & -\frac{1}{\sqrt{2}} \end{pmatrix}$$

Listing 9: Anwendung von Operatoren A auf Dichtematrizen R

```
1 Appl[R_, A_] :=
2   A.R.ConjugateTranspose[A]/Tr[A.R.ConjugateTranspose[A]]
```

Listing 10: Matrixrepresentation des SWAP-Gatters für zwei Qubits

```
1 S = {{1, 0, 0, 0}, {0, 0, 1, 0}, {0, 1, 0, 0}, {0, 0, 0, 1}};S
```

$$\begin{pmatrix} 1 & 0 & 0 & 0 \\ 0 & 0 & 1 & 0 \\ 0 & 1 & 0 & 0 \\ 0 & 0 & 0 & 1 \end{pmatrix}$$

Listing 11: Matrixrepresentation des CNOT-Gatters für zwei Qubits

```
1 CNOT = {{1, 0, 0, 0}, {0, 1, 0, 0}, {0, 0, 0, 1}, {0, 0, 1, 0}};
2         CNOT //MatrixForm
```

$$\begin{pmatrix} 1 & 0 & 0 & 0 \\ 0 & 1 & 0 & 0 \\ 0 & 0 & 0 & 1 \\ 0 & 0 & 1 & 0 \end{pmatrix}$$

Listing 12: Matrixrepresentation des CNOT-Gatters mit zweitem Bit als Control-Qubit

```
1 CNOT2 = S.CNOT.S; CNOT2 // MatrixForm
```

$$\begin{pmatrix} 1 & 0 & 0 & 0 \\ 0 & 0 & 0 & 1 \\ 0 & 0 & 1 & 0 \\ 0 & 1 & 0 & 0 \end{pmatrix}$$

Listing 13: Basiswechsel zwischen der σ_z und der σ_x Basis auf dem zweiten Qubit

```
1 ToZ[v_] := KroneckerProduct[IdentityMatrix[2], Z2X].v
```

Listing 14: Matrixrepresentation des $|\Phi_{00}\rangle$ Zustands in der σ_z Basis, wenn das zweite Qubit in der σ_x Basis definiert ist

```
1 B00z = 1/Sqrt[2]*ToZ[VecK[0, 0] + VecK[1, 1]]; B00z // MatrixForm
```

$$\begin{pmatrix} \frac{1}{2} \\ \frac{1}{2} \\ \frac{1}{2} \\ -\frac{1}{2} \end{pmatrix}$$

Listing 15: Berechnung der Fidelity aus einer Dichtematrix r

```
1 Fid[r_] := FullSimplify[Transpose[B00z].r.B00z][[1, 1]]
```

Listing 16: Matrixrepresentation des SWAP-Gatters zwischen Qubits 2 und 3 auf einem 4-Qubit-Raum

```
1 S42 = KroneckerProduct[
2   KroneckerProduct[
3     IdentityMatrix[2], S], IdentityMatrix[2]];
```

Listing 17: Dichtematrix des Wernerzustands $\rho_W(x)$

```
1 abZ = FullSimplify[x*Dens2[1/Sqrt[2]*ToZ[VecK[0, 0] + VecK[1, 1]]]
2   + (1 - x)/4*IdentityMatrix[4]];
3       abZ // MatrixForm
```

$$\begin{pmatrix} \frac{1}{4} & \frac{x}{4} & \frac{x}{4} & -\frac{x}{4} \\ \frac{x}{4} & \frac{1}{4} & \frac{x}{4} & -\frac{x}{4} \\ \frac{x}{4} & \frac{x}{4} & \frac{1}{4} & -\frac{x}{4} \\ -\frac{x}{4} & -\frac{x}{4} & -\frac{x}{4} & \frac{1}{4} \end{pmatrix}$$

Listing 18: Erster Eigenvektor von σ_x

```
1 x1 = Z2X.VecK[0]; x1 // MatrixForm
```

$$\begin{pmatrix} \frac{1}{\sqrt{2}} \\ \frac{1}{\sqrt{2}} \end{pmatrix}$$

Listing 19: Zweiter Eigenvektor von σ_x

```
1  x2 = Z2X.VecK[1];  x2 // MatrixForm
```

$$\begin{pmatrix} \frac{1}{\sqrt{2}} \\ -\frac{1}{\sqrt{2}} \end{pmatrix}$$

Listing 20: Projektor auf den Unterraum, in dem die hinteren beiden Qubits im Zustand $|0\rangle$ sind

```
1  UMeasure1 = KroneckerProduct[IdentityMatrix[4],
2      KroneckerProduct[Dens2[VecK[0]],Dens2[x1]]];
3      UMeasure1 // MatrixForm
```

Listing 21: Projektor auf den Unterraum, in dem die hinteren beiden Qubits im Zustand $|1\rangle$ sind

```
1  UMeasure2 = KroneckerProduct[IdentityMatrix[4],
2      KroneckerProduct[Dens2[VecK[1]],Dens2[x2]]];
3      UMeasure2 // MatrixForm
```

8.2.2 Durchführung des Protokolls

In diesem Kapitel wird die Durchführung des Protokolls mit Mathematica als Beispiel mit einem Phasen-Dämpfungs-Fehler durchgeführt. Die Arrays MatPDZ und MatPDX enthalten die Matrizen der Krausdarstellung des Fehlers, welche 6.8 zu entnehmen sind. Des weiteren wurde zunächst die Datei "Functions.nb" (siehe 8.2.1) ausgeführt.

51

Ausführen der lokalen CNOT-Operationen

Wir wollen zunächst die lokalen Fehlerhaften CNOT-Operationen auf unsere Zustände anwenden. Dafür wird zuerst der Fehler und anschließend die CNOT-Operation angewendet. Im Anschluss werden die mittleren Qubits wieder getauscht, sodass die Reihenfolge der Qubits $A_1B_1A_2B_2$ entspricht.

```
1  rhoSwap = S42.KroneckerProduct[abZ, abZ].S42;
2
3  hlpPDZ2 = 0*IdentityMatrix[16];
4  aabbPDZ = rhoSwap;
5  For[k = 0, k < 2, k++,
6   For[i = 1, i < 3, i++,
7    hlpPDZ2 +=
8     KroneckerProduct[
9      KroneckerProduct[IdentityMatrix[2^(k)], MatPDZ[[i]]],
10     IdentityMatrix[2^(3 - k)]].aabbPDZ.KroneckerProduct[
11     KroneckerProduct[IdentityMatrix[2^(k)],
12     ConjugateTranspose[MatPDZ[[i]]]],
13     IdentityMatrix[2^(3 - k)]]];
14    aabbPDZ = FullSimplify[hlpPDZ2]; hlpPDZ2 = 0*IdentityMatrix[16]]
15
16 hlpPDX2 = 0*IdentityMatrix[16];
17 aabbPDX = aabbPDZ;
18 For[k = 2, k < 4, k++,
19  For[i = 1, i < 3, i++,
20   hlpPDX2 +=
21    KroneckerProduct[
22     KroneckerProduct[IdentityMatrix[2^(k)], MatPDX[[i]]],
23     IdentityMatrix[2^(3 - k)]].aabbPDX.KroneckerProduct[
24     KroneckerProduct[IdentityMatrix[2^(k)],
25     ConjugateTranspose[MatPDX[[i]]]],
26     IdentityMatrix[2^(3 - k)]]];
27   aabbPDX = FullSimplify[hlpPDX2]; hlpPDX2 = 0*IdentityMatrix[16]]
28
29 U = KroneckerProduct[CNOT, CNOT2];
30
31 aabbCNOTPD = FullSimplify[Appl[aabbPDX, U]];
32
33 ababCNOTPD = FullSimplify[S42.aabbCNOTPD.S42];
```

52

Anschließend wird die Messung der beiden hinteren Qubits im Zustand $|00\rangle$ mit der Matrix UMeasure1 und im Zustand $|11\rangle$ mit der Matrix UMeasure2 simuliert und ausgewertet. Um die Fidelity berechnen zu können wurde über die beiden hinteren Qubits gespurt.

```
1 RhoMessungPD1 = FullSimplify [   Appl[ababCNOTPD, UMeasure1]];
2
3 endPD1 = FullSimplify [Tr1[RhoMessungPD1]]; endPD1 // MatrixForm
```

$$\begin{pmatrix} \frac{1}{4} & \frac{x}{2+2x^2} & \frac{p^2x^2}{2+2x^2} & -\frac{p^2x^2}{2+2x^2} \\ \frac{x}{2+2x^2} & \frac{1}{4} & \frac{p^2x^2}{2+2x^2} & -\frac{p^2x^2}{2+2x^2} \\ \frac{p^2x^2}{2+2x^2} & \frac{p^2x^2}{2+2x^2} & \frac{1}{4} & -\frac{x}{2+2x^2} \\ -\frac{p^2x^2}{2+2x^2} & -\frac{p^2x^2}{2+2x^2} & -\frac{x}{2+2x^2} & \frac{1}{4} \end{pmatrix}$$

```
1 Fid[endPD1] // FullSimplify
```

$$\frac{1+x\left(2+x+4p^2x\right)}{4(1+x^2)}$$

```
1 RhoMessungPD2 = FullSimplify [Appl[ababCNOTPD, UMeasure2]];
2
3 endPD2 = FullSimplify [Tr1[RhoMessungPD2]];
4
5 Fid[endPD2] // FullSimplify
```

$$\frac{1+x\left(2+x+4p^2x\right)}{4(1+x^2)}$$

Die Fidelity in Abhängigkeit von $Fid(x, p)$ wurde mit 23 zunächst umgerechnet zu $Fid(F, p)$ und anschließend geplottet. Daraufhin wurden die Nullstellen von $Fid(F, p) - F$ berechnet:

```
1 solAD1 = Solve[FidPDF[F, p] - F == 0, F] // FullSimplify
```

$$\left\{\left\{F \rightarrow \tfrac{1}{4}\right\}, \left\{F \rightarrow \tfrac{1}{4}\left(1+2p^2 - \sqrt{-3+4p^4}\right)\right\}, \left\{F \rightarrow \tfrac{1}{4}\left(1+2p^2 + \sqrt{-3+4p^4}\right)\right\}\right\}$$

Abbildungsverzeichnis

Literatur

[1] E. Schrödinger (1935). "Discussion of Probability Relations between Separated Systems" *Mathematical Proceedings of the Cambridge Philosophical Society*, 31, pp 555-563. doi:10.1017/S0305004100013554.

[2] John Preskill, Lecture Notes for Physics 219 "Quantum Computation" *http://www.theory.caltech.edu/people/preskill/ph219/*, Chapter 2, last updated on 2 October 1998.

[3] John Preskill, Lecture Notes for Physics 219 "Quantum Computation" *http://www.theory.caltech.edu/people/preskill/ph219/*, Chapter 3, last updated on 2 October 1998.

[4] Dür, W. and Briegel, Hans.-J. (2008) "Purification and Distillation", in *Lectures on Quantum Information* (eds D. Bruß and G. Leuchs), Wiley-VCH Verlag GmbH, Weinheim, Germany. doi: 10.1002/9783527618637.ch11

[5] M. Nielsen and I. Chuang, "Quantum Computation and Quantum Information", *Cambridge University Press*, (2000)

[6] C. H. Bennett, G. Brassard, S. Popescu, B. Schumacher, J. A. Smolin, and W. K. Wootters, "Purification of Noisy Entanglement and Faithful Teleportation via Noisy Channels" *Phys. Rev. Lett.* **76**, 722–725 (1996)

[7] G. Burkard, Vorlesung "Quantum Information Theory / Quanteninformationstheorie" Gelesen im Sommersemester 2013 an der Universität Konstanz *http://theorie.physik.uni-konstanz.de/burkard/teaching/13S-QI*

[8] R. L. Rivest, A. Shamir, and L. Adleman: "A Method for Obtaining Digital Signatures and Public-Key Cryptosystems" *http://people.csail.mit.edu/rivest/Rsapaper.pdf*

[9] Peter W. Shor, "Polynomial-Time Algorithms for Prime Factorization and Discrete Logarithms on a Quantum Computer" *http://arxiv.org/abs/quant-ph/9508027*

[10] A. K. Ekert "Quantum cryptography based on Bell's theorem" *Phys. Rev. Lett.* **67**, 661–663 (1991)

[11] W. K. Wootters and W. H. Zurek "A single quantum cannot be cloned", *Nature* **299**, 802 - 803 (28 October 1982); doi:10.1038/299802a0

[12] C. H. Bennett, G. Brassard, C. Crépeau, R. Jozsa, A. Peres, and W. K. Wootters "Teleporting an unknown quantum state via dual classical and Einstein-Podolsky-Rosen channels" *Phys. Rev. Lett.* **70**, 1895–1899 (1993)

[13] C. H. Bennett "Communication via one- and two-particle operators on Einstein-Podolsky-Rosen states" *Phys. Rev. Lett.* **69**, 2881–2884 (1992)

[14] Wolfram Research, Inc., Mathematica, Version 8.0, Champaign, IL (2010).

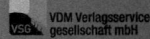

MIX
Papier aus verantwortungsvollen Quellen
Paper from responsible sources
FSC® C105338

Printed by Books on Demand GmbH, Norderstedt / Germany